BEI GRIN MACHT SICH IHR WISSEN BEZAHLT

- Wir veröffentlichen Ihre Hausarbeit,
  Bachelor- und Masterarbeit

- Ihr eigenes eBook und Buch -
  weltweit in allen wichtigen Shops

- Verdienen Sie an jedem Verkauf

Jetzt bei www.GRIN.com hochladen und kostenlos publizieren

Bibliografische Information der Deutschen Nationalbibliothek:

Die Deutsche Bibliothek verzeichnet diese Publikation in der Deutschen National-bibliografie; detaillierte bibliografische Daten sind im Internet über http://dnb.d-nb.de/ abrufbar.

Impressum:

Copyright © 2014 GRIN Verlag, Open Publishing GmbH
Druck und Bindung: Books on Demand GmbH, Norderstedt Germany
ISBN: 9783668244283

Dieses Buch bei GRIN:

http://www.grin.com/de/e-book/334692/die-taylorreihe-und-das-taylorpolynom-erlaeuterung-des-verfahrens

Jonas Gleiser

Die Taylorreihe und das Taylorpolynom. Erläuterung des Verfahrens

GRIN Verlag

GRIN - Your knowledge has value

Der GRIN Verlag publiziert seit 1998 wissenschaftliche Arbeiten von Studenten, Hochschullehrern und anderen Akademikern als eBook und gedrucktes Buch. Die Verlagswebsite www.grin.com ist die ideale Plattform zur Veröffentlichung von Hausarbeiten, Abschlussarbeiten, wissenschaftlichen Aufsätzen, Dissertationen und Fachbüchern.

Besuchen Sie uns im Internet:

http://www.grin.com/

http://www.facebook.com/grincom

http://www.twitter.com/grin_com

HEWLETT-PACKARD

Taylor

Taylorreihen und Taylorpolynome

Jonas Gleiser
2014

INHALTSVERZEICHNIS

1 Einleitung

Ich habe mir das Thema Taylor in Mathe für meine GFS ausgesucht, da mich Mathe im Allgemeinen sehr fasziniert und ich mich mit Taylor auseinander setzen wollte. Er hat es geschafft, Funktionen zu approximieren und ich wollte wissen, wie dies funktioniert. In meiner Ausarbeitung habe ich den Schwerpunkt gelegt, eine Hinführung zu diesem spannenden Thema zu machen, danach Taylors Leben vorzustellen und schließlich seine Arbeit zu präsentieren. Zunächst ist es wichtig, verschiedene Begriffe zu definieren. Anschließend werde ich durch eine Beispielrechnung sein Verfahren erläutern und als nächstes die Formeln darstellen. Zu diesem Thema war es sehr schwer verständliche Materialen zu finden, doch ich wurde fündig.

2 Hinführung zum Thema

TKKG sagt einem auf den ersten Blick nichts. Es sind vier Buchstaben mit denen man relativ wenig anfängt. Man kann TKKG aber auch anders darstellen. TKKG besteht aus Tim, Karl, Klößchen und Gaby. Tim ist der Leiter der Gruppe und sehr sportlich. Karl kennt sich gut mit Computern aus, Klößchen hat die richtige Intuition und Gaby hat Kontakte zur Polizei. Zusammen lösen die Kriminalfälle. Was nun passiert ist, dass ich TKKG anders dargestellt habe. Je mehr Details ich verwende um so genauer kann ich TKKG anders darstellen. Übertragen auf die Mathematik bedeutet das, dass ich Sinusfunktionen auch durch die Aneinanderreihung von Termen darstellen kann. Je mehr Terme ich verwende, umso genauer wird die Sinusfunktion dargestellt. [1]

Im Mathematikunterricht konnten wir Potenzreihen untersuchen und ermitteln, welche Funktion sie darstellen. Mit dem Folgenden Wissen kann man zu einer gegebenen Funktion die Potenzreihe angeben.

3 Taylor's Leben

Brook Taylor ist am 18.August 1685 in Edmonton geboren. [2]

„Brook Taylor entstammt einer vornehmen und wohlhabenden Familie. Sein Großvater väterlicherseits war Schreiber von Colchester und Repräsentant von Bedfordshire in Oliver Cromwells Versammlung, sein Großvater mütterlicherseits war adelig. Sein Vater achtete auf strenge Disziplin, interessierte sich aber genauso für Malerei und Musik, eine Leidenschaft, die er auch seinem Sohn vererbte. So wurde Taylor ein

---

[1] EUROPA: Wer sind TKKG :: TKKG - Hörspiele, Bücher und vieles mehr. https://www.tkkg.de/www/charaktere, 28.05.2014.
[2] Wikipedia: Brook Taylor. http://de.wikipedia.org/w/index.php?oldid=128780937, 28.05.2014.

anerkannter Musiker und Maler, wobei er später auch seine mathematischen Fähigkeiten auf diese Gebiete anwendete." [3]

Taylor studierte in Cambridge Mathematik." [4] Er „war ein britischer Mathematiker und Mitglied der Royal Society." [5] „Nach ihm benannt sind die Taylorreihe und die Taylorsche Formel, mit der man stetig differenzierbare Funktionen als Potenzreihen darstellen oder durch Polynome annähern kann." [6] Taylor starb am 29. Dezember 1731 in Somerset House. [7]

4 Definition

Im Folgenden werde ich genauer auf die Begriffe Potenzreihe, die Idee des Verfahrens und das Approximieren eingehen.

4.1 Die Potenzreihe

$$\sum_{k=0}^{n} a_k x^k = a_0 x^0 + a_1 x^1 + a_2 x^2 + \cdots$$

Eine Potenzreihe ist eine Reihe mit dieser obigen Form, die unendlich viele Glieder hat.

4.2 Die Idee des Verfahrens

Man möchte eine Funktion durch ein Polynom mit unendlich vielen Gliedern ersetzen. Es gilt dann:

„Wenn die Potenzreihe und die Funktion tatsächlich gleich sind, dann haben sie an der Entwicklungsstelle den gleichen Wert. Außerdem sind auch alle Ableitungen von Funktion und Potenzreihe an der Entwicklungsstelle gleich." [8]

Ableitungen sind eine gute Idee für die Annäherung.

4.3 Approximieren

Approximieren bedeutet annähern. Man möchte eine Funktion durch eine Polynomfunktion annähern. In einem gewissen Bereich sollte die Funktion mit der Polynomfunktion die gleichen Funktionswerte haben. [9] Auf den Abbildungen zwei,

---

[3] Taylor, http://www.f07.fh-koeln.de/imperia/md/content/personen/bold_christoph/taylor.pdf, S. 1.
[4] Wikipedia (16.05.2014) [wie Anm.2].
[5] Wikipedia (16.05.2014) [wie Anm.2].
[6] Wikipedia (16.05.2014) [wie Anm.2].
[7] Wikipedia (16.05.2014) [wie Anm.2].
[8] Taylorreihen und Taylorpolynome. http://www.mathematik.net/reihen-taylorreihen/ty2s20.htm, 28.05.2014.
[9] Taylorpolynome. http://www.mathematik.net/reihen-taylor-polynome/tp1s20.htm, 28.05.2014.

drei und vier im Anhang wird deutlich, je mehr Glieder ein Taylorpolynom hat, umso genauer ist die Approximation.

4.4 Fakultät

$$5! = 1 * 2 * 3 * 4 * 5$$

Wenn man die ersten fünf Natürlichen Zahlen multipliziert, kann man dies vereinfachen. Dies geschieht durch die Fakultät.

$$9! = 1 * 2 * 3 * 4 * 5 * 6 * 7 * 8 * 9$$

Hier ist ein weiteres Beispiel.

$$n! = 1 * 2 * 3 * 4 * \ldots * n$$

Dies ist die allgemeine Formel. [10]

5 Taylorreihe von Hand berechnen am Beispiel von sin(x)

Bsp:

$$f(x) = \sin(x)$$

$$\sin(x) = a_0 + a_1 x + a_2 x^2 + a_3 x^3 + a_4 x^4 + a_5 x^5 + a_6 x^6 + \cdots$$

$$\sin(0) = a_0 + a_1 0 + a_2 0^2 + a_3 0^3 + a_4 0^4 + a_5 0^5 + a_6 0^6 + \cdots$$

$$\sin(0) = a_0 + 0 + 0 + 0 + 0 + 0 + 0 + \cdots$$

$$1 = a_0$$

$$f'(x) = a_1 + 2a_2 x + 3a_3 x^2 + 4a_4 x^3 + 5a_5 x^4 + 6a_6 x^5 + \cdots$$

$$\cos(0) = a_1 + 2a_2 0 + 3a_3 0^2 + 4a_4 0 + 5a_5 0^4 + 6a_6 0^5 + \cdots$$

$$1 = a_1$$

$$f''(x) = 2a_2 + 2 * 3a_3 x + 3 * 4a_4 x^2 + 4 * 5a_5 x^3 + 5 * 6a_6 x^4 + \cdots$$

$$-\sin(0) = 2a_2 + 2 * 3a_3 0 + 3 * 4a_4 0^2 + 4 * 5a_5 0^3 + 5 * 6a_6 0^4 + \cdots$$

---

[10] Fakultäten (Mathematik) Einführung. http://www.youtube.com/watch?v=w69LMN-9lpY, 28.05.2014.

$$0 = a_2$$

$$f'''(x) = 2 * 3a_3 + 2 * 3 * 4a_4 x + 3 * 4 * 5a_5 x^2 + 4 * 5 * 6a_6 x^3 + \cdots$$

$$-\cos(0) = 2 * 3a_3 + 2 * 3 * 4a_4 0 + 3 * 4 * 5a_5 0^2 + 4 * 5 * 6a_6 0^3 + \cdots$$

$$-1 = 2 * 3a_3$$

$$-\frac{1}{2 * 3} = a_3$$

$$f''''(x) = 2 * 3 * 4a_4 + 2 * 3 * 4 * 5a_5 x + 3 * 4 * 5 * 6a_6 x^2 + \cdots$$

$$\sin(0) = 2 * 3 * 4a_4 + 2 * 3 * 4 * 5a_5 0 + 3 * 4 * 5 * 6a_6 0^2 + \cdots$$

$$0 = 2 * 3 * 4a_4$$

$$0 = a_4$$

$$f'''''(x) = 2 * 3 * 4 * 5a_5 + 2 * 3 * 4 * 5 * 6a_6 x + \cdots$$

$$\cos(0) = 2 * 3 * 4 * 5a_5 + 2 * 3 * 4 * 5 * 6a_6 0 + \cdots$$

$$1 = 2 * 3 * 4 * 5a_5$$

$$a_5 = \frac{1}{2 * 3 * 4 * 5}$$

Wir haben nun jeweils die Ableitung gebildet und dann für x den Wert 0 eingesetzt. Dadurch können wir die einzelnen Konstanten berechnen.

Ansatz:

$$\sin(x) = a_0 + a_1 x + a_2 x^2 + a_3 x^3 + a_4 x^4 + a_5 x^5 + a_6 x^6 + \cdots$$

Dies ist unser allgemeiner Ansatz. Nun muss man die Konstanten einsetzen und erhält die Taylorreihe.

$$\sin(x) = 0 + 1x + 0x^2 - \frac{1}{2 * 3} x^3 + 0x^4 + \frac{1}{2 * 3 * 4 * 5} x^5 + a_6 x^6 \pm \cdots$$

$$\sin(x) = 1x - \frac{1 * x^3}{1 * 2 * 3} + \frac{1 * x^5}{1 * 2 * 3 * 4 * 5} \pm \cdots$$

Nun wendet man die Fakultätschreibweise an, um die Funktion zu vereinfachen.

5

$$\sin(x) = \frac{x}{1!} - \frac{x^3}{3!} + \frac{x^5}{5!} \pm \cdots$$

6 Formel

Wie man an der Beispielrechnung von $f(x) = \sin(x)$ erkennen kann, gibt es eine logische Folge, die man in Formeln darstellen kann.

6.1 Allgemeine Formel

$$f(x) = f(0) + f'(0)x + \frac{f''(0)}{2!}x^2 + \frac{f'''(0)}{3!}x^3 + \frac{f''''(0)}{4!}x^4 + \cdots$$

Zusammenfassend kann man dies schreiben.

$$f(x) = \sum_{k=0}^{\infty} \frac{f^{(k)}(0)}{k!} * x^k$$

Da die Funktion unendlich viele Glieder hat, bezeichnet man dies als Taylorreihe.

6.2 Formel für die Taylorreihe an der Entwicklungsstelle x=xe

Dies ist die Formel, wenn man der Stelle x=xe approximieren möchte.

$$f(x) = f(xe) + f'(xe) * (x - xe) + \frac{f''(xe)}{2!}(x - xe)^2 + \cdots$$

Um dies zu vereinfachen kann man die Summenschreibweise anwenden.

$$f(xe) = \sum_{k=0}^{\infty} \frac{f^{(k)}(xe)}{k!} * (x - xe)^k$$

Man kann also Funktionen an beliebiger Entwicklungsstelle approximieren. Diese beiden Funktionen wurden an verschiedener Entwicklungsstelle approximiert. [11]

Entwicklungsstelle x=0 $\cos(x) = 1 - \frac{x^2}{2!} + \frac{x^4}{4!} + \cdots$

Entwicklungsstelle x=π $\cos(x) = -1 + \frac{1}{2!}(x - \pi)^2 - \frac{1}{4!}(x - \pi)^4 + \cdots$

Beide Taylorreihen beschreiben die Cosinusfunktion und müssten identisch sein. Doch die Formel sehen ganz unterschiedlich aus. „Die Reihen sind tatsächlich gleich. Dies erkennt man aber erst, wenn man die Klammern ausmulipliziert, und

---

[11] Taylorreihen und Taylorpolynome. http://www.mathematik.net/reihen-taylorreihen/ty2s26.htm, 29.05.2014.

dabei sehr viele Glieder der Reihe in der Rechnung berücksichtigen würde!" [12]
Daraus ergibt sich ein Fazit. „Während das Taylorpolynom von der Entwicklungsstelle abhängt, ist die Taylorreihe einer Funktion für alle Entwicklungsstellen gleich, auch wenn es auf den ersten Blick nicht so aussieht." [13]

6.3 Bedingungen für die Taylorreihe

Damit man eine Taylorreihe aufstellen kann ist es notwendig, dass alle Ableitungen der Funktion existieren. [14] Ansonsten gibt es keine weiteren Bedingungen, die die Funktion erfüllen muss.

6.4 Formel für das Restglied

„Eine Funktion stimmt genau dann mit ihrer Taylorreihe überein (konvergiert gegen ihre Taylorreihe), wenn das Restglied (für n gegen unendlich) gegen Null geht:" [15]
Dies wird deutlich, wenn man sich die Abbildung 5 anschaut.

$$R_n(x, xe) = \frac{f^{n+1}(c)}{(n+1)!} * (x - xe)^{n+1} = 0$$

$$R_\infty(x, xe) = \lim_{n \to \infty} \frac{f^{(n+1)}(c)}{(n+1)!} * (x - xe)^{(n+1)} = 0$$

$$R_\infty(x, xe) = \lim_{n \to \infty} f^{(n+1)}(c) * \frac{(x - xe)^{(n+1)}}{(n+1)!} = 0$$

Da etwas Großes durch etwas Kleines, sehr wenig ergibt, lässt sich daraus schließen, dass es null ergibt.

$$R_\infty(x, xe) = \lim_{n \to \infty} f^{(n+1)}(c) * 0 = 0$$

Mit dieser Formel kann man das Restglied berechnen. Anhand diesem erkennt man, wie groß der Fehler ist.

6.5 Das Pascalsche Dreieck

„Taylor fand 1712 eine Verallgemeinerung. Seine Idee soll nun - vereinfacht - widergegeben werden. Ein Funktionswert f(x0 + h) kRann mit dem Funktionswert f(x0) und den Ableitungswerten f'(x0), f''(x0), ... approximiert werden. Zunächst ist: (genauer $\approx$ statt =) [16]

$$f(x_0 + dx) = f(x_0) + f'(x_0)dx, dx = h$$

---

[12] (05.08.2009) [wie Anm.13].
[13] (05.08.2009) [wie Anm.13].
[14] Taylorreihen und Taylorpolynome. http://www.mathematik.net/reihen-taylorreihen/ty2s80.htm, 29.05.2014.
[15] (13.08.2009) [wie Anm.16].
[16] Roolfs: Taylor (2011), S. 1.

Eine Halbierung des Intervalls $[x_0; x_0 + h]$ ergibt:

$$f(x_0 + 2dx) = f(x_0 + dx) + f'(x_0 + dx)dx, dx = \frac{h}{2}$$

$$= f(x_0) + 2f'(x_0)dx + f''(x_0)dx^2$$

Hilfreich ist hier auch die Skizze auf Abbildung 6. Das bereits erhaltene wird eingesetzt, beachte dass auch gilt:

$$f'(x_0 + dx) = f'(x_0) + f''(x_0)dx$$

Für weitere Unterteilungen erhalten wir:

$$f(x_0 + 3dx) = f(x_0 + 2dx) + f'(x_0 + 2dx)dx, dx = \frac{h}{3}$$

$$= f(x_0) + 3f'(x_0)dx + 3f''(x_0)dx^2 + f'''(x_0)dx^3$$

$$f(x_0 + 4dx) = f(x_0 + 3dx) + f'(x_0 + 3dx)dx, dx = \frac{h}{4}$$

$$= f(x_0) + 4f'(x_0)dx + 6f''(x_0)dx^2 + 4f'''(x_0)dx^3 + f^{(4)}(x_0)dx^4$$

Taylor erkannte [...], dass die Zahlen wie im Pascalschen Dreieck gebildet werden:

Dies sieht man auf Abbildung 7.“

7 Fazit

Mein Thema war nicht ganz so leicht zu verstehen. Daher war es sehr hilfreich mit Frau Jordan mein Thema zu besprechen. Im Nachhinein klingt alles sehr logisch und man kann Taylors Überlegungen nachvollziehen. Ich persönlich finde die Taylorreihen als sehr gutes Mittel, um Funktionen anders darzustellen. Diese werden so auch visuell viel verständlicher.

$$\sin(x) = \frac{x}{1!} - \frac{x^3}{3!} + \frac{x^5}{5!} \pm \cdots$$

Die Sinusfunktion wird als Taylorreihe viel begrifflicher und auch Computer können mit solch einer Darstellung mehr anfangen.

8 Anhang

Abbildung 1 (für Publikation entfernt): Wikipedia (Hg) [17]

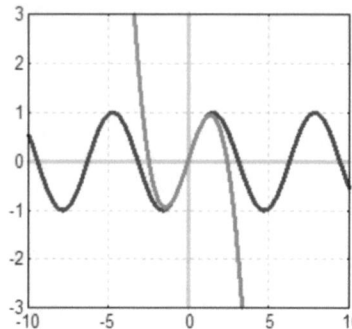

Abbildung 2: Sin(x) Taylorolynom 3.Grades[18]

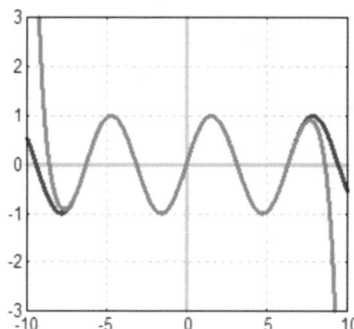

Abbildung 3: Sin(x) Taylorolynom 19.Grades[19]

---

[17] Wikipedia (16.05.2014) [wie Anm.2].
[18] Taylorreihen und Taylorpolynome. http://www.mathematik.net/reihen-taylorreihen/ty1s10.htm, 28.05.2014.
[19] (03.08.2009) [wie Anm.19].

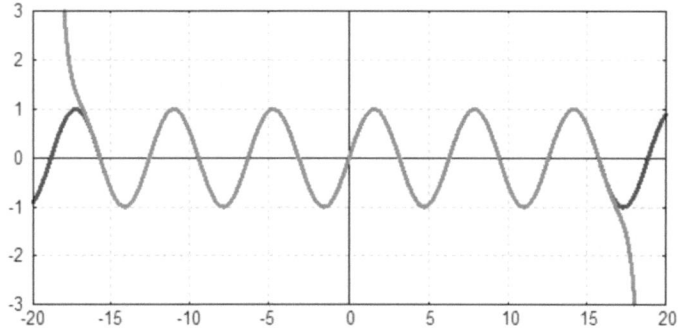

Abbildung 4: Sin(x) Taylorolynom 43.Grades[20]

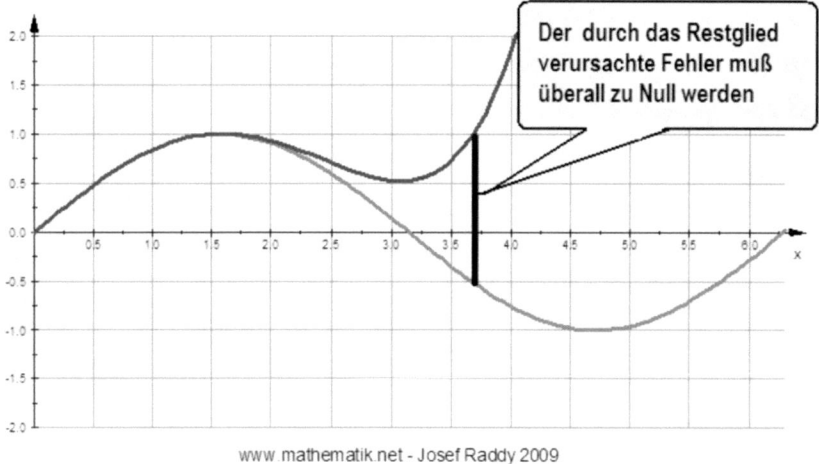

www.mathematik.net - Josef Raddy 2009

Abbildung 5: Restglied[21]

[20] (03.08.2009) [wie Anm.19].
[21] (13.08.2009) [wie Anm.16].

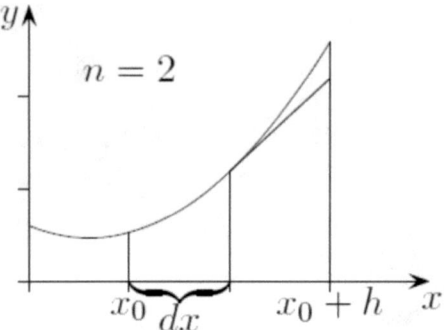

Abbildung 6: Skizze für Intervalleinteilung [22]

$$n = 1 \qquad\qquad 1 \qquad 1 \qquad\qquad \binom{n}{0} = 1 \quad \text{sonst}$$

$$n = 2 \qquad\qquad 1 \qquad 2 \qquad 1$$

$$n = 3 \qquad\quad 1 \qquad 3 \qquad 3 \qquad 1 \qquad \binom{n}{k} = \frac{n\,(n-1)\cdot\ldots\cdot(n-k+1)}{k!}$$

$$n = 4 \quad 1 \qquad 4 \qquad 6 \qquad 4 \qquad 1$$

$$\binom{4}{0} \quad \binom{4}{1} \quad \binom{4}{2} \quad \binom{4}{3} \quad \binom{4}{4} \qquad\qquad = \frac{n!}{k!\,(n-k)!}$$

Mit $dx = \dfrac{h}{n}$ und $\dbinom{n}{k} \cdot dx^k \approx \dfrac{1}{k!}$ für großes n entsteht die Taylorentwicklung der Funktion f:

$$f(x_0 + h) = f(x_0) + f'(x_0)\,h + \frac{f''(x_0)}{2!}\,h^2 + \frac{f''(x_0)}{3!}\,h^3 + \ldots \qquad \text{Für } x_0 = 0 \text{ erhält man:}$$

$$f(x) = f(0) + f'(0)\,x + \frac{f''(0)}{2!}\,x^2 + \frac{f''(0)}{3!}\,x^3 + \ldots$$

Abbildung 7: Pascalsche Dreieck [23]

---

[22] Roolfs (2011) [wie Anm.18].
[23] Roolfs (2011) [wie Anm.18].

9 Literaturverzeichnis

9.1 Internetdokument

Fakultäten (Mathematik) Einführung. Online verfügbar unter http://www.youtube.com/watch?v=w69LMN-9lpY, zuletzt geprüft am 28.05.2014.

Taylorreihen und Taylorpolynome (2009). Online verfügbar unter http://www.mathematik.net/reihen-taylorreihen/ty1s10.htm, zuletzt aktualisiert am 03.08.2009, zuletzt geprüft am 28.05.2014.

Taylorreihen und Taylorpolynome (2009). Online verfügbar unter http://www.mathematik.net/reihen-taylorreihen/ty2s22.htm, zuletzt aktualisiert am 05.08.2009, zuletzt geprüft am 29.05.2014.

Taylorreihen und Taylorpolynome (2009). Online verfügbar unter http://www.mathematik.net/reihen-taylorreihen/ty2s25.htm, zuletzt aktualisiert am 05.08.2009, zuletzt geprüft am 29.05.2014.

Taylorreihen und Taylorpolynome (2009). Online verfügbar unter http://www.mathematik.net/reihen-taylorreihen/ty2s26.htm, zuletzt aktualisiert am 05.08.2009, zuletzt geprüft am 29.05.2014.

Taylorreihen und Taylorpolynome (2009). Online verfügbar unter http://www.mathematik.net/reihen-taylorreihen/ty2s20.htm, zuletzt aktualisiert am 13.08.2009, zuletzt geprüft am 28.05.2014.

Taylorreihen und Taylorpolynome (2009). Online verfügbar unter http://www.mathematik.net/reihen-taylorreihen/ty2s80.htm, zuletzt aktualisiert am 13.08.2009, zuletzt geprüft am 29.05.2014.

Taylorpolynome (2009). Online verfügbar unter http://www.mathematik.net/reihen-taylor-polynome/tp1s20.htm, zuletzt aktualisiert am 15.09.2009, zuletzt geprüft am 28.05.2014.

EUROPA: Wer sind TKKG :: TKKG - Hörspiele, Bücher und vieles mehr. Online verfügbar unter https://www.tkkg.de/www/charaktere, zuletzt geprüft am 28.05.2014.

Wikipedia (Hg.) (2014): Brook Taylor. Online verfügbar unter http://de.wikipedia.org/w/index.php?oldid=128780937, zuletzt aktualisiert am 16.05.2014, zuletzt geprüft am 28.05.2014.

9.2 Zeitschriftenaufsatz

Taylor. Online verfügbar unter

http://www.f07.fh-koeln.de/imperia/md/content/personen/bold_christoph/taylor.pdf, zuletzt geprüft am 29.05.2014.

Roolfs (2011): Taylor. Online verfügbar unter

http://nibis.ni.schule.de/~lbs-gym/Verschiedenespdf/Taylor.pdf, zuletzt geprüft am 29.05.2014.

BEI GRIN MACHT SICH IHR
WISSEN BEZAHLT

- Wir veröffentlichen Ihre Hausarbeit,
  Bachelor- und Masterarbeit

- Ihr eigenes eBook und Buch -
  weltweit in allen wichtigen Shops

- Verdienen Sie an jedem Verkauf

Jetzt bei www.GRIN.com hochladen und kostenlos publizieren